Bibliografische Information der Deutschen Nationalbibliothek:

Die Deutsche Bibliothek verzeichnet diese Publikation in der Deutschen National-
bibliografie; detaillierte bibliografische Daten sind im Internet über http://dnb.d-
nb.de/ abrufbar.

Impressum:

Copyright © 2016 GRIN Verlag, Open Publishing GmbH
Druck und Bindung: Books on Demand GmbH, Norderstedt Germany
ISBN: 9783668411005

Dieses Buch bei GRIN:

http://www.grin.com/de/e-book/354878/definitionen-des-anthropozaens-ist-der-
beginn-des-anthropozaens-mit-entwicklung

Nikola Bobchev

Definitionen des Anthropozäns. Ist der Beginn des Anthropozäns mit Entwicklung der Landwirtschaft oder seit der Industrialisierung?

GRIN Verlag

RWTH Aachen

Geographisches Institut

Hauptseminar: Landschafts- und

Klimageschichte vom LGM bis

ins Anthropozän

Wintersemester 2016/2017

10.10.2016

Definitionen des Anthropozäns: Der Beginn des Anthropozäns: Mit Entwicklung der Landwirtschaft oder seit der Industrialisierung?

Hausarbeit

Nikola Bobchev

5. Semester

Studienfach: B. Sc. Angewandte Geographie

Inhaltsverzeichnis

1. Einleitung

Auf der Erde finden ständige Veränderungen seit ihre Entstehung vor ca. 4,6 Milliarden Jahren statt. Plattentektonische Ereignisse führen dazu, dass die Kontinente auseinanderbrechen und Ozeane entstehen. Bei der Kollision der Kontinente werden die Ozeane geschlossen und neue Gebirgssysteme gebildet. Flüsse weisen ebenfalls einen Einfluss auf die Erde auf, indem sie sie langsam abtragen, wodurch eine Veränderung der Geomorphologie entsteht. Des Weiteren ändert sich die Temperatur der Erdoberfläche. Es folgen kalte und warme Zeiten, infolge derer die Erde komplett vereist war oder es gar kein Eis existierte. Auf der Erdkugel findet man auch geologische Beweise für Großereignisse, wie riesigen Vulkanismus und kaum vorstellbare Mengen an Lava, die die Erdoberfläche bedeckten. Außerdem weist die Erdgeschichte zahlreiche Impaktionen mit außerirdischen Objekten auf. Das Wasser und die Luft, die man heute kennt, hatten ebenfalls nicht immer die gleiche chemische Zusammensetzung. Alle diese Veränderungen fanden auf eine natürliche Art und Weise statt, sodass sich die Lebewesen auf der Erde entweder daran anpassten oder ausstarben. Im Vergleich zu all diesen erdverändernden Kräften sind die Indizien für einen Wandel der Erde aufgrund einer bestimmten Art oder Gattung deutlich weniger. Die Zeit scheint aber gekommen zu sein.

Die Gattung *Homo* hat das Privileg, eine der Gattungen zu sein, die die größten Veränderungen auf der Erde verursacht haben. Um genauer zu sein, ist nur eine bestimmte Art der Gattung Homo dafür verantwortlich, nämlich der Homo Sapiens. Der Umweltjournalist Christian Schwägerl (2010:22) schreibt in seinem Buch „Menschenzeit", dass es bevor den Menschen, nur ein Lebewesen geschafft hat, die Erde in solchem Maßstab zu verändern. Vor mehr als zwei Milliarden Jahren reicherten die Cyanobakterien so die Ozeane mit Sauerstoff durch den Prozess der Photosynthese an, dass eine Änderung bei der Evolution der Lebewesen stattfand. Im Vergleich dazu lässt sich die Umwandlung der Erde durch die Menschen anhand ihrer tödlichen Werkzeuge nachvollziehen. Zugleich wurde der Mensch mit der Beherrschung des Feuers noch dominanter und hat seine Position in der Nahrungskette verändert. Mit Feuer und Werkzeugen lernte der Homo Sapiens schnell die natürlichen Ressourcen zu nutzen, infolgedessen die ersten Siedlungen entstanden sind. Durch die Ansiedlung der Menschen an einem bestimmten Ort, kam es auch zu Veränderungen in der Umgebung. Ackerbau und Viehzucht führten dazu, dass eine Ära in der Geschichte des Homo Sapiens zu Ende war. Die Zeit der Menschen als Jäger und Sammler war vorbei und die Landwirtschaft hat begonnen. Die Ansiedlung der Menschen und die maßgebliche Veränderung der Umgebung könnte als Anfangspunkt für die Entstehung der Kultur genannt werden (Ehlers 2008:14). Demzufolge kam es zu dem Konflikt zwischen der Natur und Kultur.

Das Natur-Kultur-Problem hat sich mit der Evolution der Menschheit verstärkt. Dementsprechend ist die gegenwärtige Situation der Erde nicht besonders gut. Viele Wissenschaftler sind der Meinung, dass nicht mehr zwischen Natur und Kultur unterschieden werden soll (Leinfelder 2016:20). Man kann heutzutage kaum über Natur im echten Sinnen reden, nämlich etwas Unberührtes, Unverändertes und Nicht-Produziertes und das bezieht sich sowohl auf die belebte Natur, als auch auf die Unbelebte. Dazu ist es kein Bezug mit dem Menschen zu verstehen (Ehlers 2008:14). Des Weiteren sind fast 4/5 der eisfreien, festen Erdoberfläche heute schon vom Menschen verändert worden (Niebert 2016:13). „Allein die globale Acker- und Weidefläche erstreckt sich über siebentausend mal siebentausend Kilometer. Schon die menschlichen Siedlungen bedecken bereits eine Fläche halb so groß wie Australien" (Food and Agriculture Organisation (FAO) 2006 / United Nations Population Fund 2007, zit. n. Schwägerl 2010:9). Die Reste von der nicht vom Menschen beeinflussten Natur sind heute nur in bestimmten Schutzgebieten oder abseits von den von Menschen besiedelten Regionen zu finden. Selbst dort sind sie nicht vor menschlichen Einflüssen gesichert. Als Beispiel kann der tropische Regenwald genannt werden, dessen Fläche in den letzten Jahren deutlich schrumpft. Zudem ist durch die Veränderung der Natur ein Verlust an Biodiversität auf der Erde verbunden.

Man beherrscht nicht nur das Land, sondern auch das Wasser. Etwa die Hälfte des weltweit vorhandenen Süßwassers wird vom Menschen kontrolliert (Niebert 2016:13). Es werden riesige Talsperren gebaut, die den Sedimenttransport verändern. Die Meere werden fast leer gefischt. Ressourcenverbrauch steigt rasant und es wird immer mehr Energie gebraucht, für die die einfachste Alternative die fossilen Energieträger sind. Des Weiteren ist in letzten dreihundert Jahren ein starker Anstieg an Triebhausgassen wie Lachgas, Methan und Kohlendioxid zu beobachten. Dies hat sich auf die Oberflächentemperatur wiederspiegelt, wobei sie in den letzten fünfzig Jahren um 0,5 °C gestiegen ist und bis 2100 um noch mindestens 2° C steigen werde (IPCC 2014:10). Die Anreicherung des Kohlendioxids im Wasser führt auch zu Veränderung der pH-Werte im Weltozean und stellt besonders große Gefahren für Lebewesen mit Kalkgehäuse dar. Die Weltbevölkerung steigt rasch, genauso wie die Bedürfnisse der Menschheit. Infolgedessen wird immer mehr und mehr produziert. Die menschlichen Erzeugnisse liegen heutzutage überall auf dem Globus und werden in den Gesteinskreislauf integriert. Die Welt ist so von den „Anthropos" verändert, dass wir nicht mehr ein Teil der Natur sind, sondern ihr Beherrscher. All diese Veränderungen sind so stark, dass sie als Beginn einer neuen geologischen Epoche dienen können. Die Epoche der Menschen, das Anthropozän.

2. Was ist Anthropozän?

Das Anthropozän wird heutzutage sehr oft als ein Begriff verstanden, der den Einfluss der Menschheit auf die Erde zusammenfasst. Dieser Einfluss ist so groß, dass überall auf und um dem Globus Beweise für menschliche Aktivitäten existieren. Der Begriff wurde im Jahr 2000 auf einer wissenschaftlichen Tagung von Nobelpreisträger Paul Crutzen durch eine spontane Reaktion vorgeschlagen. *Es war auf einer Konferenz, als jemand was über das Holozän referierte. Ich dachte plötzlich, das ist falsch. Die Welt hat sich mittlerweile komplett verändert, wir sind jetzt im Anthropozän. Mir fiel dieses Wort spontan ein. Jeder der Anwesenden war schockiert. Aber es schien zu wirken* (Paul Crutzen zit. n. Redfern 2014:182) Die Idee wurde 2002 von Crutzen in seiner Publikation „Geology of mankind" in der Zeitschrift Natur veröffentlicht. Es kann gesagt werden, dass damit der Autor das Ziel erfühlt hat, die wissenschaftliche, öffentliche aber auch politische Aufmerksamkeit in Richtung Umweltprobleme zu richten. In seiner Arbeit hat er darauf hingewiesen, dass Anthropozän eine neue Epoche ist, in der die Menschheit die geologische Hauptrolle spielt und die das Holozän ablösen soll (Crutzen 2011:7).

Obwohl die Idee des Crutzen für die Epoche spontan fiel, wurden in der wissenschaftlichen Geschichte ähnliche Begriffe verwendet, die aber nicht so großes Interesse erregt haben. Es könnte auch gesagt werden, dass in der Wissenschaft nicht selten ist, Hypothesen weiterzuentwickeln und als eigene Werke zu veröffentlichen. Selbst Crutzen schreibt in seiner Arbeit, dass noch im Jahr 1873 der italienische Geologe Antonio Stoppani über ein *anthropozänes Zeitalter* sprach (Crutzen 2011:7). Wladimir Wernadski berichtete im Jahr 1926 über eine „Noosphäre", die durch das menschliche Gehirnpotenzial bedingt ist (Crutzen 2011:7). Darüber hinaus kann das Anthropozän als die Epoche der Wissenschaft verstanden wird, denn der heutige Zustand der Erde ist, Dank an den anthropogenen Vorschritte, entstanden. Einen großen Beitrag für die Entwicklung der Anthropozän-Idee hat auch der Biologe Eugene Stoermer. Er hat den Begriff in den 1980er-Jahren benutzt und später mit Crutzen zusammengearbeitet, um ihn in den wissenschaftlichen Zweigen zu verbreiten (Heber 2016:8).

Allerdings ist die Anthropozän-Idee so bekannt geworden, dass es von einer Idee für neue geologische Epoche einen vielseitigen Begriff entstanden ist, der außer in den Geowissenschaften auch in den Humanwissenschaften und der Politik auftritt. Für ursprüngliche Gedanke, nämlich Anthropozän als neue geologische Epoche, arbeiten derzeit 35 Wissenschaftler in einer Anthropocene Working Group (AWG) der Subcommission on Quarternary Stratigraphy, die ein Teil der International Commission on Stratigraphy ist (Leinfelder 2014:2). Professor Reinhold Leinfelder zufolge, der ein Mitglied der AWG ist, spiegelt die Vielseitigkeit des Begriffs auch durch die Mitglieder der Gruppe wider, die unterschiedliche Schwerpunkte haben. Außer Geologen gehören dazu auch „Soziologen, Historiker, Umweltjuristen, Biologen und viele mehr" (Leinfelder 2014:3). Obwohl die Gruppe aus vielen unterschiedlichen Mittgliedern besteht, arbeiten alle daran, einen möglichst einfachen, geologisch nachvollziehbaren Vorschlag zu machen und damit den Anfang des Anthropozäns als neue geologische Epoche zu definieren (Leinfelder 2014:3).

3. Hypothesen zum Beginn des Anthropozäns

Heutzutage existieren einige Hypohesen, die den Anfangspunkt der Epoche darstellen sollen. Die Epoche, in der wir laut International Commission on Stratigraphy immer noch leben, heißt Holozän. Es hat vor ca. 11.700 Jahren mit Ende der Epoche Pleistozän angefangen und entspricht einer „Warmzeit des Quartärs, [...] die bis heute andauert" (Sirocko et al. 2012:22). In der erdgeschichtlichen Zeitskala gibt es außer Perioden auch Stufen, Epochen, Ären und Äonen. Die Zeitabschnitte der Erdgeschichte werden in der International chronostratigraphic chart der ICS auf bestimmte Art, je nach Ereignis und seinen Folgen, das zum Zeitabschnittwechsel geführt hat, definiert. Der Maßstab und die Folgen des Ereignisses müssen aber immer ein deutliches Merkmal für die Geologen auf der Welt darstellen, wie zum Beispiel der Massenaussterben vor ca. 66 Mio. Jahren, was gleichzeitig dem Ende der Saurier entspricht und den Übergang von der Ära Mesozoikum zur gegenwärtigen Ära Känozoikum bezeichnet oder der Beginn der Vereisung der Nordhemisphäre, der die Grenze zwischen den Perioden Tertiär und Quartär markiert.

Der Vorschlag von Crutzen lautet, dass das Anthropozän eine Epoche ist, die das Holozän ablösen soll (Crutzen 2011:7). Es gibt aber unterschiedliche Meinungen zwischen den Wissenschaftler, sowohl für die Definition des Begriffes, als auch für den Beginn der Epoche. Einige, wie Professor Philip Gibbard, der auch ein Mitglied der Anthropocene Working Group ist, sind der Meinung, dass die Menschen nicht so große und andauernd in der Zukunft zu findende Auswirkungen auf der Erde haben. Deswegen kann Anthropozän eher als eine Serie in der Epoche Holozän eingestuft werden (Leinfelder 2014:8). Andere schlagen dagegen vor, dass die Effekte von der anthropogenen Existenz so groß sind, dass das Anthropozän zum Ende der Periode Quartär führen könnte

(Rother 2015:61). Dritte finden dementsprechend, dass der Begriff zu politisch ist und man ihn gar nicht braucht (Traxler 2016 zit. n. Görg 2016:10).

In den letzten 16 Jahren sind einige Vorschläge zum Beginn des Anthropozäns als neue geologische Epoche gemacht worden. Es lässt sich sagen, dass die Wissenschaftler auf zwei Seiten getrennt sind. Einige sympathisieren mit der Früh-Anthropozän-These und schlagen vor, dass die menschlichen Einflüsse auf der Erde noch mit dem Beginn der Feuernutzung, mit Aussterben der pleistozänen Megafaune oder spätestens mit der neolithischen Revolution begonnen haben. Andere meinen dagegen, dass die maßgeblichen Veränderungen der Erde durch die Menschen viel später mit der Industrialisierung angefangen haben.

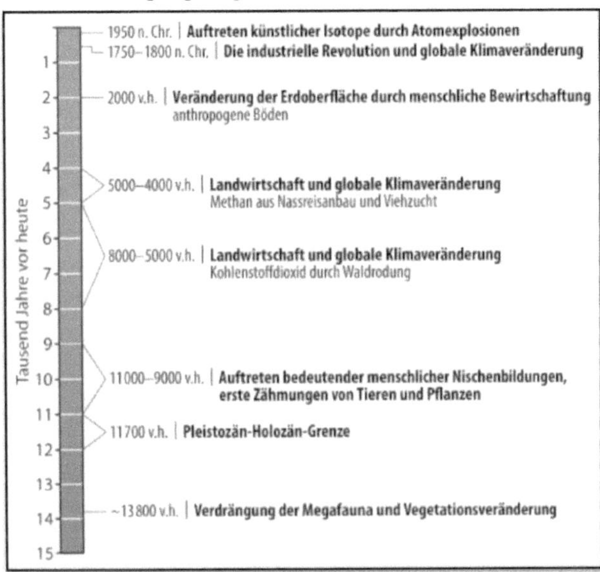

Abb. 1 Möglichkeiten zur Beginn des Anthropozäns (Zeitskala – v.h. – vor heute, n. Chr. – nach Christus) nach Smith / Zeder 2013 in Gebhardt 2016:35

Auf der Abb.1 sind einige der Vorschläge auf einer Zeitskala „vor heute" dargestellt. Die Veränderung der Megafauna und der Vegetation in Pleistozän lässt sich auf ca. 13.800 BP mithilfe einer Änderung der Albedo datieren (Smith / Zeder 2013:11), obwohl dies eher als eine Periode zwischen etwa 50.000 – 10.000 Jahren vor heute betrachtet werden soll. Zu dieser Zeit stieg der Anteil der ausgestorbenen Großtiere in Australien, Nord- und Südamerika, Südasien und nördlichen Eurasien. „In diesen Gebieten starben alle Tierarten mit einem Körpergewicht über 1.000 kg und 80% aller Arten mit einem Körpergewicht zwischen 100-1.000 kg aus" (Rother 2015:58). Erste

Zähmungen von Tieren und Pflanzen, sowie Landwirtschaft und globale Klimaveränderungen gehören zu der neolithischen Revolution, zu der es sowohl gute geologische Nachweiße, als auch
einige Fragezeichen in der Wissenschaft gibt. Als Anfangspunkt des Anthropozäns wurde auch
der Anfang der Bergbauaktivitäten in der Bronzezeit vor ca. 3.000 Jahren vorgeschlagen (Leinfelder 2015:11).

Der Originalvorschlag, den Paul Crutzen auf die Welt gebracht hat, bezieht sich auf das Jahr 1800,
da nach Untersuchungen von Eisbohrkernen zu dieser Zeit begann, die Konzentration von CO_2
und Methan in der Atmosphäre anzusteigen. Die Zeit passt auch mit der Verbesserung der Dampfmaschine und der industriellen Revolution zusammen (Crutzen 2011:7). Levis und Maslin (2015
zit. n. Görg 2016:10) haben einen neuen Vorschlag 2015 veröffentlicht. Sie sind der Meinung,
dass die Jahre 1610 und 1964 besonders gut zum Anfang des Anthropozäns geeignet sind. Nach
Untersuchungen der Eisbohrkerne lautet die wissenschaftliche Schlussfolgerung, dass das Jahr
1610 einen Tiefstand des CO_2 in der Atmosphäre aufweist und seitdem kontinuierlich ansteigt.
Die Begründung dafür ist die Kolonialisierung der amerikanischen Urbevölkerung, bei der nach
Schätzungen mehr als 50 Millionen Indianer in nur 2 Generationen ums Leben gekommen sind.
Daraus resultierten viele Hektaren unberührte Agrarflächen, die für einige Jahre die Atmosphäre
mit großer Menge an CO_2 entlasteten (Leinfelder 2015:11). Das Jahr 1964 ist auch ein guter Marker zum Anfang der Epoche, da es „den Höhepunkt des radioaktiven Fallouts in der Atmosphäre"
aufweist (Görg 2016:10). Nach Dokumentationen gab es, bis zum Teststoppabkommen im Jahr
1963, weltweit mehr als 500 oberirdische Nuklearwaffenexplosionen (Leinfelder 2015:11). In der
Athropocene Working Group kommt anderseits das Datum 16.07.1945 auch in Frage, denn dies
markiert das Datum des ersten Atombombenversuchs (Leinfelder 2015:11). Diese Zeit passt auch
sehr gut mit der These der großen Beschleunigung zusammen (Steffen et al. 2015 zit. n. Görg
2016:10). Sie besagt, dass seit Jahr 1950 zahlreiche Kurven in den empirischen Untersuchungen
rasant aufsteigen, wie zum Beispiel die Kurven der Weltbevölkerung, Treibhausgasse, Plastikpro-
duktion, des Düngemittelverbrauchs, Wasserverbrauchs, Energieverbrauchs, etc.

Alle Vorschläge werden in der Anthropocene Working Group hauptsächlich für einen gut erkenn-
baren und globalen geologischen Beweis analysiert (Leinfelder 2014:3). Aufgrund dessen bleiben
die meist diskutierten und theoretisch möglichsten Vorschläge die neolithische Revolution, der
Beginn der Industrialisierung und die große Beschleunigung seit 1950.

3.1. Neolithikum – menschliche und landwirtschaftliche Entwicklung

Ca. 11.000 Jahren vor heute hat die neolithische Revolution begonnen. Sie stellt eine Änderung der Menschenleben dar. Es fand eine kulturelle Entwicklung statt, von der heute archäologische Funde für eine Dauersiedlung, Ackerbau und Tierhaltung, aber auch damit verbundener Veränderung der Umwelt, bestehen. In dieser Zeit existierten gute Klimabedingungen, die zur landwirtschaftlichen Entwicklung beigetragen haben. Als Grund dafür lässt sich die Position der Erde im Nordsommer nennen, denn der Standort der Erde war sehr Sonnennah und die Sonneneinstrahlung belief sich auf ca. 10% höher als heute (Sirocko et al. 2012:108). Das wärmere Klima und die guten Bedingungen für Dauersiedlung, Ackerbau und Tierhaltung führten zu einem Wandel im Alltag der Homo Sapiens. Demzufolge lässt sich sagen, dass dieser Wandel das Ende der Menschenzeit als Jäger und Sammler markiert. Im Vergleich zu den anderen zwei Hauptvorschlägen für Beginn des Anthropozäns kann hier nicht gesagt werden, dass die aus der Umstellung der Menschenleben resultierte Wirkungen innerhalb einer kurzen Zeit stattgefunden haben, sondern können als einen langen Prozess der menschlichen Evolution betrachtet werden (Lang 1994:232). Infolgedessen ist es schwer, einen bestimmten Anfangspunkt für das Neolithikum, der für alle Gebieten auf der Erde gilt, festzulegen. Es lässt sich eher sagen, dass das Neolithikum je nach geographischer Lage zu verschiedenen Zeiten begonnen, und dementsprechend auch unterschiedlich lange gedauert hat.

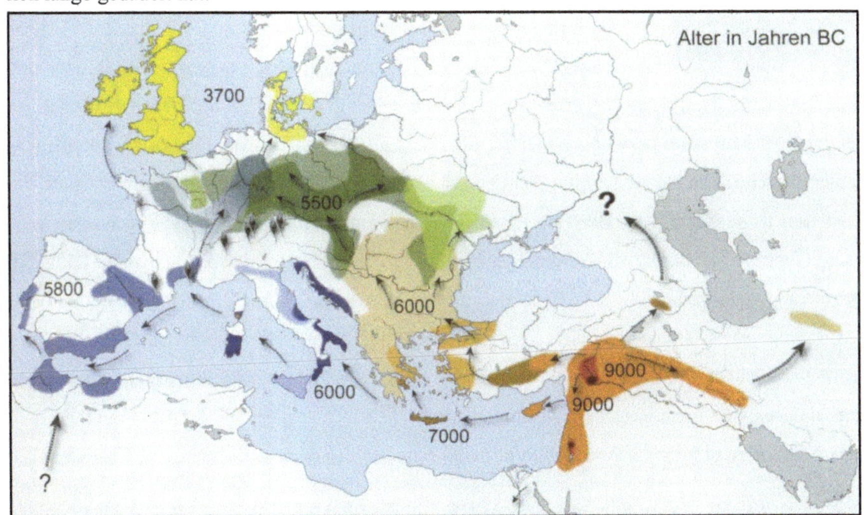

Abb. 2 Ausbreitung der bäuerlichen Wirtschaftsform im Nahen Osten und in Europa.
Nach Gronenborn 2007 in Sirocko et al. 2012:109

Auf der Abb.2 ist die Ausbreitung bäuerlicher Aktivitäten bzw. Anfang des Neolithikums in Europa und im Nahen Osten dargestellt. Der Nahe Osten kann als Ausgangspunkt neolithischer Kulturen angesehen werden. Die bäuerlichen Maßnahmen in diesen Gebieten haben noch im Spätglazial – Anfang Holozän begonnen. Dafür sind nicht nur die archäologischen Funde, sondern auch die heutigen Areale wilder Ausgangssippen von Kulturpflanzen und Haustiere, wie Wildemmer, -einkorn, -erbse, -linse, -zeige und -schaf, einen guten Beweis (Lang 1994:234). Sie stellen damit ausgezeichnete Möglichkeit zur Entwicklung der Landwirtschaft. Daher lässt sich nachvollziehen, dass die mitteleuropäischen Getreide, aber auch Rinder, Schafe und Zeige aus dem Nahen Osten kommen (Sirocko et al. 2012:110). Außer einige archäologische Funde existieren aber heute nicht viele Indizien für starke anthropogene Veränderungen der Erdoberfläche aus dem Neolithikum im Nahen Osten und Südosteuropa (Lang 1994:236).

Obwohl die Ausbreitung der neolithischen Kulturen bis 7000 BC Griechenland erreichte, fand sie nicht besonders schnell statt. Eine plötzliche Wende, die auch geologisch in grönländischem Eis, Seesedimenten des Alpenraumes und Baumringweiten des Main-Donau-Raumes nachweisbar ist (Sirocko et al. 2012:107) und auch als Anfang des Anthropozäns dienen könnte, kam mit dem 8,2-ka-Event. Dieses Klimaereignis stellt einen Kälteeinbruch vor 8.200 BP bzw. 6.200 BC dar, der laut National Climatic Data Center der NOAA Paleoclimatology (2008) ca. 150 Jahren gedauert hat und die Temperaturen in Europa um 2 °C aufgrund einer Änderung der Ozeandichte und Schwächung der thermohalinen Zirkulation, wegen rascher Vermischung mit Süßwasser in Labradorsee aus postglaziale Seen, gesenkt hat. Das kältere Klima hat Dürren in mehreren Regionen der Erde verursacht. Besonders Betroffen waren die Menschen in Kleinasien, die wegen der Trockenheit zu einer Migration gezwungen waren (Sirocko et al. 2012:109). Durch die Migration kam es dementsprechend zu der Ausbreitung und Entwicklung von neuen Formen der Landwirtschaft. Es existieren wissenschaftliche Beweise für eine Veränderung der Umgebung der Ansässigen aufgrund Übernutzung der Urwälder, da die ursprüngliche Tierhaltung immense Menge an Laubheu durch Schneiteln verbraucht hat (Sirocko et al. 2012:185). Das Schneiteln, das Krankheiten bei den Bäumen verursachen kann, aber auch die Abholzung für bauliche Zwecke, spielten eine sehr große Rolle für die Veränderung der Oberfläche. Smith und Zeder (2013:11) zufolge könnte die Intensivierung der Landwirtschaft, zusammen mit der Übernutzung der Wälder, ein Grund für den CO_2-Anstieg im grönländischen Eisbohrkern bei ca. 8.000 BP sein.

In Europa begann das Neolithikum am spätesten im Norden und Nordwesten, zwischen 4.300-3.700 BC. Gleichzeitig fand zu der Zeit schon den Übergang zur Kupfer- und Bronzezeit in Südosteuropa statt. Dies hat dazu geführt, dass das Neolithikum im Norden und Nordwesten nur etwa

2.000 Jahren gedauert hat. Im Vergleich dazu hat es sich im Nahen Osten ca. 5.000 Jahren hinge-zogen (Lang 1994:235f.). Die Zeit zwischen 5.000 - 4.000 BP, die auch auf Abb. 1 dargestellt ist, bildet möglicherweise die erste große und globale anthropogene Veränderung der Erdoberfläche durch landwirtschaftliche Aktivitäten. Nach Modellierungen der ARVE Research Group (2011) lässt sich eine Änderung der natürlichen Vegetation in China, Indien, Kleinasien, Europa und in Westen des südamerikanischen Kontinents beobachten. Dies kann auch mithilfe von Eisbohrker-nen aus grönländischem Eis nachgewiesen werden, die einen höheren Anteil von Kohlendioxid und Methan aufweisen (Ruddiman / Thomson 2001 zit. n. Smith / Zeder 2013:10). Laut Ruddiman und Thomson (2001 zit. in Smith / Zeder 2013:10), die verschieden Möglichkeiten für den höheren Anteil von Kohlendioxid und Methan, wie Erzeugung von Mensch- und Tierabfälle, Brennen sai-sonaler Grass Biomasse und Bewässerung von Reisfelder, untersucht haben, konnte es geschlossen werden, dass die Hauptursache dafür die Bewässerung von Reisfelder ist, da durch anaerobe Gä-rung von organischen Stoffen in überfluteten Reisfelder Methan produziert und freigesetzt wird. Sie beschreiben ihre Schlussfolgerung aber nicht als ein Marker zum Beginn des Anthropozäns, sondern reden über eine frühanthropogene Ära, die die Zeit von 5.000 BP bis zur industrieller Revolution umfasst (Ruddiman / Thomson 2001 zit. n. Smith / Zeder 2013:10).

3.2. Industrielle Revolution

Die industrielle Revolution stellt, im Vergleich zur neolithischen Revolution, eine sehr kurze Zeit der maßgeblichen Wirkung auf der Erde aufgrund menschlicher Entwicklung dar. Infolgedessen hat der Nobelpreisträger Paul Crutzen in einigen wissenschaftlichen Arbeiten seit 2000 die menschlichen Effekte beschrieben und festgestellt, dass die Erde sich in einer neuen, von Men-schen beeinflussenden geologischen Epoche befindet. Laut Crutzen (2011:7) soll der Anfang der neuen geologischen Epoche auf das Jahr 1800 datiert werden, da seitdem die Konzentration von CO_2 und Methan in der Atmosphäre anzusteigen begann. Seitdem nahm die mittlere globale Tem-peratur um 0,85 °C zu und kann laut Prognosen bis zum Ende dieses Jahrhunderts um noch 3 bis 4 °C ansteigen (GDC 2015:15). Die Erderwärmung stellt ein besonders großes Problem dar, denn sie kann zum Auftauen von großen Eismassen und Zunahme des globalen Meeresspiegels führen. Die höheren Temperaturen werden sich auch sehr stark auf die Permafrostgebiete der Erde aus-wirken. Demzufolge könnte eine noch stärkere Akzeleration der Erderwärmung beobachtet wer-den, da durch Auftauen des Bodens Methan, das 25-fach stärkere Treibhausgas als CO_2, freigesetzt wird (GDC 2015:16).

Die von Crutzen vorgeschlagene Zeit zum Anfang der neuen Epoche passt gut mit der Verbesserung der Dampfmaschine zusammen, die eine entscheidende Rolle bei der Industrialisierung spielte. Daher lässt sich das Anthropozän als die Epoche der Wissenschaft und Technik bezeichnen. Leinfelder und Schwägerl kritisieren die Wissenschaft in ihrer Arbeit „Die menschgemachte Erde", indem sie als entscheidende wissenschaftliche und technische Entwicklungen die Dampfmaschine, das Haber-Bosch-Verfahren und Genmodifizierung benennen. Ohne diese Entwicklungen, die heutzutage ein begleitender Faktor menschliches Leben bilden, könnten 2 Billionen Tonnen Kohlendioxid in der Atmosphäre weniger landen, keinen geänderte und zukünftige Evolution beeinflussende Pflanzen und Tiere geben, aber auch die menschliche Population könnte ganz anderes ohne Düngemittel aussehen (Leinfelder / Schwägerl 2014:239).

Die Industrialisierung hat nicht nur dazu beigetragen, dass der Anteil der Treibhausgasse in der Atmosphäre zunimmt, sondern hat zahlreiche zusätzliche Folgen. Ein sehr großes Problem stellt der Ressourcenverbrauch dar, denn es werden ca. 80 Milliarden Tonnen Material aus Bergwerken rund um den Globus geholt (Leinfelder / Schwägerl 2014:234). Nach Daten von Anthropocene Working Group (zit. n. Leggewie 2015:66) werden jährlich 9 Gigatonen Kohle, 2,2 Gigatonen Eisenerze und 13 Gigatonen Sand, hauptsächlich für Zementproduktion, abgebaut. Bedauerlicherweise lässt sich sagen, dass diese riesigen Zahlen jedes Jahr steigen und der „Earth Overshood Day", der ein Projekt des Global Footprint Networks ist und als Ziel die Ressourcenabhängigkeit zu messen und zu managen hat, immer früher kommt. Der Erdüberlastungstag wurde 2016 auf den 8. August markiert. Dies bedeutet, dass die Menschheit vom 1. Januar bis zum 8. August so viele Ressourcen verbraucht hat, wie die Erde für ein ganzes Jahr regenerieren kann. Im Vergleich dazu wurde der Tag im Jahr 2000 am 1. November erreicht (Global Footprint Network 2016). Man soll aber nicht nur den Ressourcenverbrauch kritisieren, sondern auch den Umgang mit bereits hergestellten Güter, denn nach einem Bericht der United Nations University (zit. n. GDC 2015:19f.) lag die Elektroabfallmenge 2014 bei 41,8 Mio. Tonnen, wobei nur etwa 16% davon wieder benutzt wurden. Durch die nicht benutzten Reste könnte man ca. 300 Tonnen Gold wiedergewinnen, was 10% der Jahresproduktion von 2013 ausmachte.

Die Weltbevölkerung ist seit 1800 stark gestiegen und hat einen Wert von 7 Milliarden überschritten. Dementsprechend steigen die Ansprüche der Menschen und es wird immer mehr produziert. Des Weiteren wird ein Anstieg des Energieverbrauchs und rasanten Wachstum der Landwirtschaft mithilfe der Düngemittelindustrie und Gentechnik beobachtet. Daraus resultiert eine Zunahme der Bodenpreise, aber auch gleichzeitig eine Erhöhung der Nachfrage nach Lebensmitteln (Seppelt /

Haerdle 2015:13). Nach der Ernährungs- und Landwirtschaftsorganisation der Vereinigten Natio-
nen (FAO zit. n. Seppelt / Haerdle 2015:16) könnte der Fleischkonsum bis 2050 auf 470 Mio.
Tonnen pro Jahr steigen, was gleichzeitig fast 50% mehr als der Konsum im Jahr 2015 ist. Als
Folge dieser Prognose kann geschlussfolgert werden, dass der Anspruch der Flächen in der Landwirtschaft weiterwachsen wird, da es für 1.000 Kalorien Geflügelfleisch, 1.500 Kalorien pflanzli-
che Produkte benötigt wird, während die Werte sich für Schweinefleisch und Rindfleisch auf eins
zu vier und eins zu sieben belaufen (Seppelt / Haerdle 2015:16).

Mit der Entwicklung der Industrialisierung ist ein Phänomen, das man heute als Marketing kennt,
entstanden. Fast alles was produziert wird, wird möglichst attraktiver aufgrund eines Verkaufs-
und Produktionsanstieg verpackt. Heutzutage findet man die Kunststoffverpackungen fast überall
auf der Erde und dies soll nicht erstaunlich sein, da nur im Jahr 2014 311 Millionen Tonnen Kunststoff hergestellt wurde (Knauer 2016). Nach Daten der EU-Kommission (zit. n. Knauer 2016) lag
die Anzahl der zur Verwendung bereit gestellten Plastiktüten im Jahr 2010 in Europa bei 95 Milliarden. Diese Zahlen sehen überhaupt nicht optimistisch aus, aber der Kunststoffabfall in Schwel-
len- und Entwicklungsländer ist deutlich größer. Ohne entsprechende Kontrolle wird das Material
durch verschiedene Medien transportiert und schließlich zum großen Teil in den Ozeanen landen.
Laut Knauer (2016) lag die Anzahl der ins Meer abgelagerten Kunststoffe in 2010 zwischen 4,8
und 12,7 Millionen Tonnen. Das Material kann im Meer zerkleinert werden, aber für das vollstän-
dige Auflösen dauert es lange Zeit. Diese Zeit haben aber viele Tiere nicht. Sie verwechseln die
Plastikteilchen mit Nahrung, was zu tödlichen Folgen führen kann. Laut Biologe Nils Guse (zit.
n. GDC 2015:19) haben über 90% aller Eissturmvögel in der Nordsee Plastikmüll im Magen.

Die Kunststoffe stellen, zusammen mit Beton, Asphalt, Aluminium und Aschepartikel aus industriellen Verbrennungsprozessen, eine Gruppe geologisch global in Sedimenten nachweißbaren
Funden, die heute als „Technofossilien" bezeichnet werden (Leinfelder 2016:20). Laut Geologe
Jan Zalasiewicz (Chen 2014), der Leiter der Anthropocene Working Group ist, wurden seit 1950
knapp 6 Milliarden Tonnen Kunststoff produziert. So viel, dass die Erde mit Kunststoff, wie ein
Bonbon, eingepackt werden könnte. Gleichzeitig werden die „Technofossilien" immer mehr, sodass sie sogar ganze Schichte bilden, die für die Geologen in der Zukunft auch erkennbar sein
werden. Des Weiteren wurde von der Geologin Patricia Corcoran und Charles Moore ein neues
Gestein namens „Plastiglomerat" auf Hawaii entdeckt (Chen 2014). Corcoran zufolge (zit. n. Chen
2014) besteht das „Plastiglomerat" aus Kunststoff, Beton, Sand und anderen geschmolzenen Frag-
menten von Gesteinen, indem die geschmolzene Mischung in Rissen und Blasen erstarrt wird. Sie

ist auch der Meinung, dass es auf Hawaii sehr gute Bedingungen für die Entstehung des „Plastiglomerats" gibt, aber auch überall auf der Welt, wo Kunststoff in großen Mengen verbrannt wird, können sie gebildet werden. Zu der Erfindung von Corcoran und Moore berichtet der Leiter der Anthropocene Working Group, dass die Kunststoffe, einschließlich „Plastiglomerate", eine große Rolle als Marker zum Erkennen des Anthropozäns spielen können (Chen 2014).

3.3. Die „große Beschleunigung" seit 1950

Die „große Beschleunigung" stellt eine Zeit seit 1950 dar, bei der zahlreiche Skalen drastisch aufsteigen. Die Zeit zwischen 1945 und 1963 wird auch mit einer Erhöhung der Radioaktivität in der Atmosphäre bezeichnet, da in diesem Zeitraum ca. 500 Atombombentests gemacht worden sind (Leinfelder 2015:11). Die folgenden Grafiken bilden die starke Akzeleration seit 1950 ab und ermöglichen ein Vergleich zur ursprünglichen Hypothese von Paul Crutzen.

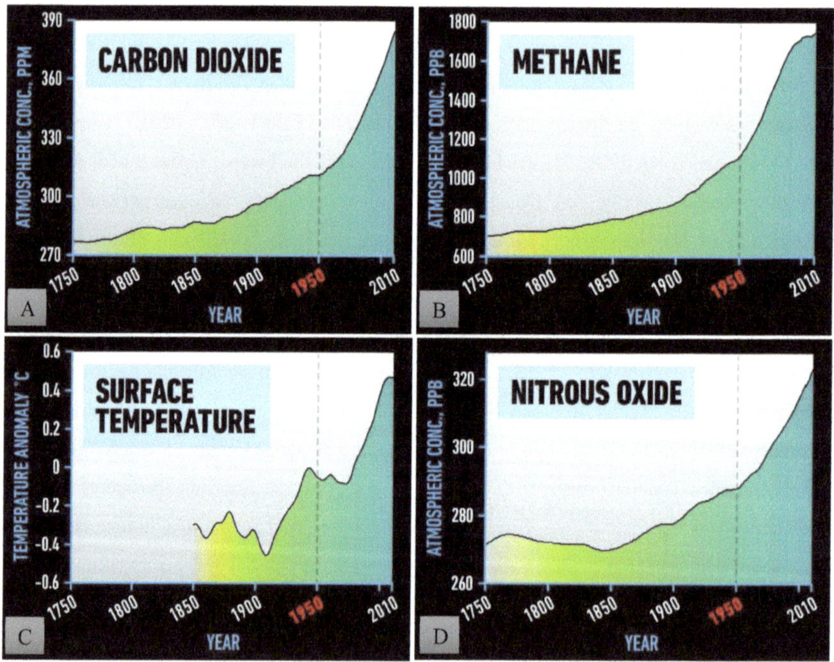

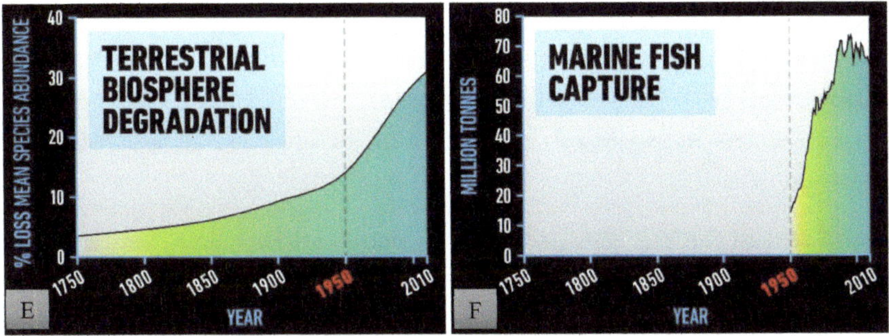

Abb. 3 Veränderungen auf der Erde zwischen 1750 und 2010 in Grafiken A-F.

In: Welcome to the Anthropocene, http://www.anthropocene.info/great-acceleration.php

Mit Hilfe der Grafiken lässt sich ein starker Anstieg der Triebhausgase beobachten. Am Anfang der Industrialisierung lag der CO_2 - Gehalt bei ca. 280 ppm, was sich noch innerhalb natürlicher Schwankungsvariabilität des Holozäns zwischen 260 - 285 ppm befand, wobei es ca. 150 Jahre gedauert hat, bis der Wert von 300 ppm im Jahr 1900 überschritten wurde. Im Vergleich dazu ist er aber nur von 1950 bis 2015 um 90 ppm gestiegen, indem der Wert für 2015 401 ppm ausmachte (Rother 2015:59). Dabei ist auch eine deutliche Zunahme der anderen Treibhausgase, wie Methan und Lachgas, in diesem Zeitraum zu erkennen. Als Folge der Erhöhung von Treibhausgasen in der Atmosphäre kann eine Erwärmung der Oberflächentemperatur um 0,5 °C nur für letzten 60 Jahren betrachtet werden. Wobei laut IPCC (2014:10) wird eine Oberflächentemperaturerwärmung um mehr als 2 °C erwartet, ohne in der Studie natürliche Phänomene, wie Vulkanausbrüche oder Veränderungen in globalen Sonneneinstrahlung zu berücksichtigen. Dementsprechend werden als Folgen weitere Versauerung und Erwärmung der Ozeane, Meeresspiegelanstieg, Hitzewellen, Dürren, aber auch intensive regionale Niederschläge erwartet (IPCC 2014:10). Es kann gesagt werden, dass die Intensität der menschliches Leben gefährdenden Naturereignisse steigt und jährlich neue Rekorden gemessen werden, sodass nur im Zeitraum von 1998 - 2010 „die zehn wärmsten Jahre der Geschichte" gemessen worden sind (Mastrandrea / Schneider 2011:19).

Alle diese Erdveränderungen spiegeln sich in den Lebewesen auf der Erde wider, sodass es nicht nur eine Umgebungsveränderung der Tier- und Pflanzenwelt resultiert, sondern auch einen Anstieg der Aussterberate, die sogar mit erdgeschichtlichen Massenaussterben verglichen werden könnte. Die Ausbreitung der Menschen auf der Erde ist so groß, dass die natürlichen Areale von Flora und Fauna stark verdrängt sind und viele Lebewesen gezwungen sind, zusammen mit den Menschen zu leben. Es existiert eine Vermischung zwischen Natur und Kultur und man kann kaum über eine Natur im echten Sinnen reden, nämlich etwas Unberührtes, Unverändertes und Nicht-

Produziertes (Ehlers 2008:14). Dazu ist auf der Abb. 3F eine starke Überfischung den Ozeanen zu beobachten. Es existieren aber noch dramatischere Zahlen. Laut Eurostat (2007:18) ist die Menge aller aquamarinen Produkte weltweit in dem Zeitraum von 1990 - 2005 um ein Drittel gestiegen, indem sie im Jahr 1990 bei etwa mehr als 102 Millionen Tonnen lag und 2005 knapp 157 Millionen Tonnen betrug.

Christian Schwägerl (2010:43) kritisiert die neue Technologie in seinem Buch „Menschenzeit", indem er schreibt, dass nach FAO (2009) eine Million große Fischschiffe und noch 3 Millionen kleinere Boote weltweit existieren, die kaum wetterabhängig sind und eine Art „schwimmende Fabriken" darstellen. Die neuen Technologien bieten die Möglichkeit die Fischarten nach Auswahl zu fangen, nämlich Diese, die teuer sind. Die anderen Arten, die etwa 40% des Fanges entsprechen, landen als Biomüll zurück im Meer (Davies et al. 2009 zit. n. Schwägerl 2010:43). Infolge dieser Fischpraxis entsteht ein Paradox, denn die teureren Fische sind Arten mit wenig Population oder Arten, die schwer zu fangen sind. Der Fang betreibt die wirtschaftlichen Ansprüche, aber verursacht starke ökologischen Schäden. Demzufolge kann die Schrumpfung der Fischerei ab 2010 nicht aufgrund niedrigen Quoten begründet werden, sondern wegen Überfischung, da nach FAO (2009 zit. n. Schwägerl 2010:44) „achtzig Prozent der Fischbestände als voll oder übermäßig" genutzt werden. Als Beispiel kann die Fischerei in Europa genannt werden. Mitte der neunziger Jahre lag die Anzahl der an Land gebrachten Fische in Europa bei ca. 9 Millionen Tonnen, während er zehn Jahre später fast 7 Millionen Tonnen betrug (Eurostat 2007:13).

Neben den Veränderungen auf der Erde existieren auch zahlreiche Grafiken, die einen sozioökonomischen Wandel dargestellt. Einige Peaks davon sind auf der Abb.4 visualisiert. Als Beispiel kann der Anstieg der Weltbevölkerung genannt werden, wo seit 1950 mehr als eine Verdoppelung betrachtet werden kann. Dies hat sich auf der Siedlungsfläche deutlich wiedergespiegelt. Laut Churkina (2016:19) lag der Anteil der StadtbewohnerInnen, im Jahr 1900 bei nur 13% von der gesamten Weltbevölkerung, während er heute mehr als die Hälfte aller Menschen beträgt und bis 2050 auf 75% steigen kann. Demzufolge ist nicht nur ein massiver Aufbau von städtischer Infrastruktur zu erwarten, sondern auch eine Erhöhung der Bedürfnisse der Menschen. Obwohl der Düngemittelverbrauch nach Abb. 4B so stark gestiegen ist, kann man erwarten, dass immer mehr Düngemittel und Gentechnik verwenden wird, mit der Hoffnung einen hungerslosen Planet zu gestalten. Der Anstieg der Weltbevölkerung spiegelt sich auch in dem Wasserverbrauch wider, wo eine Vervierfachung zu beobachten ist.

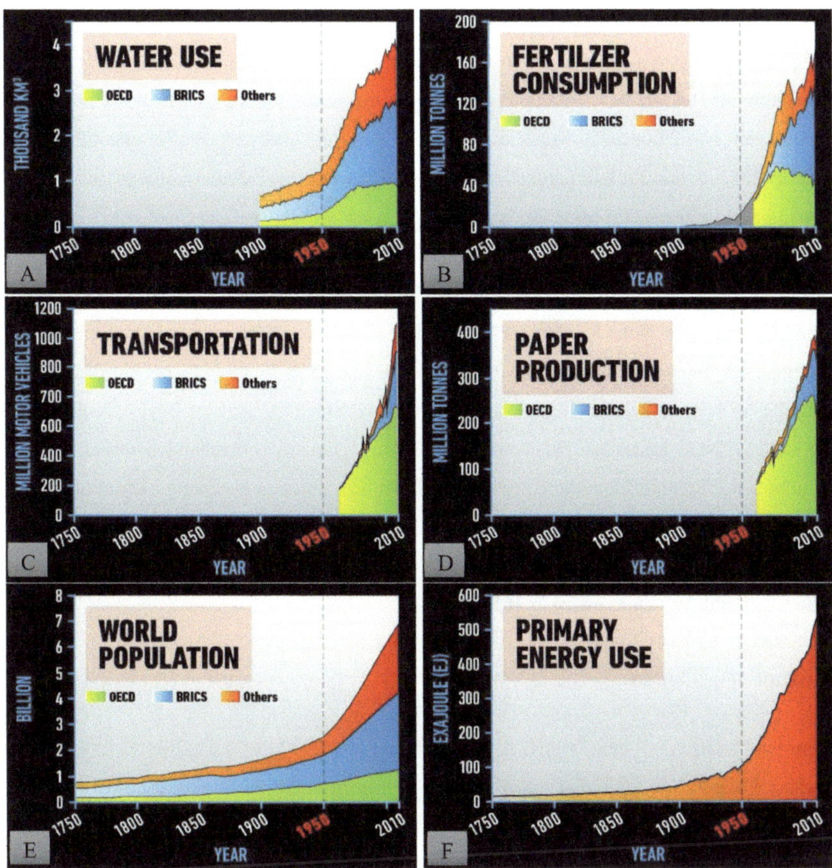

Abb. 4 Sozioökonomische Veränderungen zwischen 1750 - 2010 in Grafiken A-F.
In: Welcome to the Anthropocene, http://www.anthropocene.info/great-acceleration.php

Gleiche Zunahme kann bei der Papierproduktion betrachtet werden. Ein deutliches Merkmal für eine globalisierte und technifizierte Welt, wo die anthropogenen Bedürfnisse mithilfe eines komplexen Netzwerks von Straßen, Schiffswegen, Flugrouten und Eisenbahnschienen bewegt werden, ist die Verzehnfachung der Kraftfahrzeuge auf den Straßen weltweit, nur innerhalb der letzten 50 Jahre. Nach der Gesellschaft Deutscher Chemiker (2015:12) betrug die Anzahl der im Jahr 1945 weltweit hergestellten Automobile ca. 1 Million, während im Jahr 2014 ca. 90 Millionen Autos produziert wurden. Alle ökonomischen Anforderungen, die sich auf die Produktion auswirken, sind stark mit dem Energieverbrauch verbunden. Des Weiteren kann auf der Abb. 4F eine enorme Zunahme des Energieverbrauchs zwischen 1950 und 2010 beobachtet werden.

Alle Peaks in der Statistik, die zum Teil auf Abb. 3 und 4 dargestellt sind, führen dazu, dass die Anthropocene Working Group (AWG) immer mehr an der Hypothese arbeitet, die große Beschleunigung als Anfang des Anthropozäns an der Subcommission on Quaternary Stratigraphy vorzuschlagen. Am 29.08.2016 wurde offiziell eine Zusammenfassung der Beweise, die AWG angefertigt hat, auf dem 35. Internationalen Geologischen Kongress in Südamerika präsentiert, wo als Anfang des Anthropozäns Mitte 20. Jahrhundert genannt worden ist (Zalasiewicz 2016). Wobei laut einer internen Abstimmung der AWG wurde das Jahr 1950 als Anfangsdatum mit 28,3 von 35 Stimmen gewählt. Des Weiteren sind aber die Mitglieder der AWG für den Hauptmarker, der die neue Epoche vom Holozän abtrennen soll, nicht einig, sodass den radioaktiven Fallout als Hauptsignal nur mit 10 von 35 Stimmen gewählt wurde und anderen Stimmen bei Plastikteilchen, industrielle Aschenpartikel und CO_2 Emissionen gegangen sind (Zalasiewicz 2016). Dementsprechend ist der AWG - Leiter Jan Zalasiewicz der Meinung, dass die Forschungen vertieft werden sollte und es noch einige Jahre dauern wird, bis die Subcommission on Quaternary Stratigraphy den Vorschlag akzeptiert und an die Internationale Kommission für Stratigrafie weiterleitet, die ihn ablehnen oder annehmen kann und schließlich die neue Epoche auf International Chronostratigraphic Chart einträgt (Zalasiewicz 2016).

4. Zukunftsaussichten

Seitdem Paul Crutzen mit dem Begriff Anthropozän im Jahr 2000 die Aufmerksamkeit von Politikern und Wissenschaftlern erregt hat, wird der Begriff sehr oft als ein Synonym für allmögliche schlechte menschliche Einflüsse auf der Erde benutzt. Die anthropogenen Wirkungen auf der Erde haben dazu geführt, dass die Menschheit im Vergleich zu der Natur böse aussieht, da sie alles nach ihrer Art und Weise verändern will. Wenn man aber nicht in der Zukunft auf einem urbanisierten Planeten leben will, wo Amazonas „Central Park" der Erde ist, soll die Trennung zwischen Natur und Menschheit überwunden werden und von Umwelt eine „Unswelt" gebildet werden (Schwägerl / Leinfelder 2015:237). Des Weiteren ist das Mitglied der AWG, Reinhold Leinfelder, der Meinung, dass der Begriff enorm viel Potenzial hat (Leinfelder 2015). Um für den Begriff „Anthropozän" eine positive Bedeutung zu bekommen, soll die Politik und die Wissenschaft den richtigen Weg zeigen und jeder Mensch auf seine eigene Weise dazu beitragen. Zusätzlich soll der Mensch eine größere Verantwortung für die Veränderungen auf der Erde tragen, denn wenn wir die Kraft und das Wissen hatten, die Erde zu dieser Situation zu führen, sollen wir auch in der Lage sein alles wieder gut zu machen (Leinfelder 2016).

Die Umweltprobleme, die heutzutage existieren, sollen richtig behandelt werden, statt aufgrund ökonomischer Interessen ihre Bedeutung zu minimieren. Dies ist keine Seltenheit, wenn über Klimaveränderungen diskutiert wird. Mastrandrea und Schneider (2011:11) geben Kritik sowohl an die Wissenschaft, als auch an die Medien. Sie berichten, dass die Medien, wo dahinter oft emissionsintensive Firmen und Organisationen stecken, sehr oft die Meinung von skeptischen Wissenschaftler zum Thema Klimawandel als glaubwürdig nehmen, anstatt die Meinung der Mehrheit von Wissenschaftler, was nur zu einer Verwirrung der Menschen führen könnte. Institutionen, wie der Intergovernmental Panel on Climate Change (IPCC), der als Ziel hat, eine internationale Zusammenarbeit gegen Klimaveränderungen zu ermöglichen, könnte den richtigen Weg zur Bekämpfung der Klimaveränderungen zeigen (Mastrandrea / Schneider 2011:13). IPCC veröffentlicht alle fünf bis sechs Jahre einen Bericht, dank dessen die Regierungen den Plan zur Reduzierung der Emissionen von Treibhausgasen verfolgen können (Mastrandrea / Schneider 2011:15). Dazu kann auch gesagt werden, dass je früher man sich auf erneuerbaren Energie umstellt, desto früher werden Ziele wie „Zero CO_2 Emissions by 2050", „Unter 2 °C bis 2100" und „100% clean Energy" erreicht. Technologische Vorschnitte, wie der internationale Tokamak Energieprojekt „ITER" in Frankreich, bei dem 500MW Fusionleistung nur mit 50MW Eingangsleistung erzeugt werden kann, könnten auch eine Lösung zur Deckung der steigenden zukünftigen Energiebedürfnisse sein (ITER Organisation 2016).

Eine Änderung der heutigen Produktionspolitik kann zur Abnahme oder zumindest Stagnation von vielen Werten in der Statistik führen. Besonders für die Lebensmittelindustrie kann gesagt werden, dass eine Intensivierung der Produktion nur zur Verstärkung der ökologischen Probleme führen kann. Das Jahr mit dem Höchstwert bei Ernte, Produktion oder Fang natürlicher Nahrungsmittel, das sogenannte „Peak rate year", ist sogar mit Düngemittel und modernen Bewässerungsanlagen schon bei vielen Produkten erreicht (Seppelt / Haerdle 2016:17). Zugleich existieren zwei voll unterschiedliche Welten, da insgesamt 800 Millionen Menschen weltweit hungern, aber es in den Industrieländern einen überflüssigen Markt gibt, wo bis zum 30% der Nahrung in der Mülltonne landet (Seppelt / Haerdle 2016:17). In den Entwicklungsländern wird auch ein Problem mit der Lagerung und dem Transport beobachtet, was schließlich auch zu Lebensmittelverschwendung führt. Deswegen kann als Lösung gegen die Übernutzung der nachwachsenden Rohstoffe und den Hunger die Änderung der Ernährungsgewohnheit und Reduzierung der Verluste genannt werden (Seppelt / Haerdle 2016:17).

Der Chemiker Michael Braungart (zit. n. GDC 2015:20) kritisiert den Perfektionismus bei der Produktion und meint dazu, dass die zukünftigen Güter entweder vollständig zersetzbar oder zu

100% recyclebar sein sollen. Er entwickelte, zusammen mit William McDonough, das „Cradle-to-Cradle-Designkonzept" (C2C), dessen Ziel es ist, ein neues Gesicht der Produktion zu zeigen und die Unternehmen zur umweltfreundlichen Herstellung zu inspirieren. Die C2C-Produkte sind beispielsweise Kleidung, die sich rückstandlos zersetzen lassen, Möbel, die ca. 200-mal recyclebar sind und deren Bezüge essbar sind, oder Styroporersatz aus geschäumter Polymilchsäure (GDC 2015:21). Leinfelder zufolge soll der Umgang mit Kunststoffen verändert werden, indem wenigstens auf nur einmal verwendbare Verpackungen und Plastiktüten verzichtet wird (zit. n. Knauer 2016). Gute Beispiele dafür sind Frankreich und Italien, die bereits die Einweg-Plastiktüten verboten haben. Dieser Vorschritt ist dank einer Verordnung der EU-Kommission, deren Ziel es ist, den Plastiktütenverbrauch der Mitgliedsstaaten zu reduzieren. Des Weiteren soll die Anzahl der pro Kopf verbrauchten Plastiktüten bis 2019 bei maximal 90 liegen und bis 2025 bei maximal 40. Im Vergleich dazu beträgt der EU-Durchschnitt heute 198 Plastiktüten pro Kopf (Umweltbundesamt 2016).

Nicht nur die EU-Kommission, sondern auch unabhängige Organisationen selber versuchen den richtigen Weg ins Anthropozän zu nehmen. Der Wissenschaftliche Beirat der Bundesregierung Globale Umweltveränderung (WBGU) hat Empfehlungen zur Agenda 2030 für nachhaltige Entwicklung veröffentlicht, die den schlechten Ruf des Begriffs Anthropozän beseitigen können. Unter der Empfehlungen sind Punkte, wie Begrenzung des Klimawandels auf 2 °C und Ozeanversauerung auf 0,2 pH Einheiten durch Abschaffung aus fossilen Energiequellen bis 2070 und Stopp der Verlust von biologischer Vielfalt bis 2050, sowie Stopp der Land- und Bodendegradation bis 2030. Dabei soll auch die Freisetzung von Plastikabfall und von nicht rückgewinnbaren Phosphor in die Umwelt bis 2050 gestoppt werden (Leggewie 2015:73f.). Falls die Ziele erreicht werden, kann das Anthropozän von einem Begriff, der als Synonym der menschlichen Zerstörungskraft gilt, zu einem zukünftigen Projekt umgewandelt werden, das den gemeinsamen Lebensraum „Erde" behalten kann.

5. Fazit

Die deutliche Gravierung der Erde aufgrund der menschlichen Evolution kann dauerhafte Folgen hinterlassen. Begriffe, wie Anthropozän können die Homo Sapiens zum Nachdenken bringen, ob es sinnvoll ist, die Erde weiter auf diese Art und Weise zu verändern. Leider ist es genetisch codiert, dass die Menschen immer mehr wollen, denn schließlich bleibt der Mensch ein Tier und in der Tierwelt existiert Konkurrenz, die eine Komponente der Hierarchie ist. Heutzutage lässt sich sagen, dass die Hierarchie in der „Menschenwelt" noch stärker abgebildet ist. Des Weiteren kann gesagt werden, dass das Ziel, immer in der Hierarchie aufzusteigen, die Erde zu dieser Situation geführt hat. Zuerst waren die Ansprüche der Menschen ganz primitiv, nämlich ausreichend Essen zu ihrer Existenz und Vermehrung zu haben. Im Laufe der Zeit wurden aber die menschlichen Bedürfnisse so viel, dass dies ein Grund für das Aussterben der Megafauna im Pleistozän sein kann. Wobei das stellt nur der Anfang einer Serie von Erdumwandlung im Laufe der anthropogenen Entwicklung dar.

Alles hat sich mit der dauerhaften Ansiedlung und dem Beginn der Landwirtschaft während der neolithischen Revolution verstärkt. Infolgedessen findet man heute immer noch Beweise zur starken Veränderung der Natur in der Umgebung der menschlichen Ansiedlungen. Die Belege verlieren stark an Bedeutung im Vergleich zur industriellen Revolution und zur großen Beschleunigung seit 1950. Die Folgen der mächtigen anthropogenen Entwicklung seit 1800 erreichen heute Spitzwerte in der Statistik, wobei sie so groß sind, dass sie kaum mit anderen Werten verglichen werden können. Beispielsweise kennt die menschliche Geschichte nicht CO_2-Emissionen von über 400 ppm, da dieser Wert „der höchste während der letzten 800.000 Jahre, vermutlich während der letzten 2 - 3 Millionen Jahre" ist (Rother 2015:59) Des Weiteren kommt auch in der Landwirtschaft so große Menge an Stickstoff durch Düngemittel, als natürlich in den Ökosystemen der Erde gebunden ist (Crutzen 2011:8). Dazu lässt sich sagen, dass fast 4/5 der eisfreien festen Erdoberfläche heute schon vom Menschen verändert worden ist (Niebert 2016:13). Menschliche Erzeugnisse, wie Beton, Kunststoff und Aluminium werden lange als ein geologischer Beweis für menschliche Existenz dienen. Bedauerlicherweise können solche Zahlen und Fakten noch dramatischer werden, was sich zu einer ökologischen Apokalypse für zukünftige Generationen entwickeln könnte. Dabei entstehen paradoxale Fragen wie: Wieso arbeiten die Menschen so fleißig daran, schnellstmöglich die apokalyptischen Folgen zu erreichen? Werden die zukünftigen Lebewesen auf der Erde die Menschheit als klug bezeichnen? Zugleich scheint es eine deutliche Antwort der Fragen zu haben. Der Mensch soll aber richtig nachdenken, ob er durch seinen Alltag eine mögliche ökologische Katastrophe unterstützt. Denn schließlich kann jeder Mensch selber entscheiden, ob er den Schritt zum guten Anthropozän machen will.

Es gibt ausreichend Lösungen, die die Veränderungen auf der Erde stoppen oder verlangsamen können und gleichzeitig das schlechte Image des Begriff Anthropozän zu ändern. Es ist immer noch nicht zu spät, man muss einfach nur an die positiven Effekte denken und beginnen daran zu arbeiten. Selbst nur die Diskussionen über die mögliche neue Epoche können als ein Erfolg betrachtet werden, da immer mehr Menschen über die heutige Situation der Erde informiert werden.

Zugleich ist aber eine kleine Kritik zu erwähnen, da es Unterschiede bei der Betrachtung der Zukunft existiert. Für einige Menschen bezieht sich die Zukunft nur auf das Gebiet, wo sie leben, anstatt global an die Zukunft der Erde, sogar nach der Zeit den Menschen zu denken (Schwägerl 2010:300). Schwägerl (2010:300) zufolge wird sich eine Verknüpfung von globalen langfristigen, aber auch regionalen direkten Zukunftsperspektiven sehr positiv auswirken. Daher lässt sich sagen, dass der Mensch ein Lebewesen ist, das schnell lernt und durch Lernen alle heutigen Umweltprobleme überwunden werden kann (Schwägerl 2010:299). Ob die International Commission on Stratigraphy das Holozän beendet wird und das Anthropozän als neuste Epoche bezeichnet, ist eine Frage der Zeit. Sicher sind bereits erreichte Veränderungen auf der Erde. Des Weiteren liegt es nur an uns Menschen, ob wir im Anthropozän leben wollen und andauernd auf dieser Art und Weise mit unserem Planeten umgehen oder ein neues nachhaltiges Anthropozän bilden werden. Denn schließlich ist die Erde immer noch unser Heim.

6. Literaturverzeichnis

ARVE Research Group (2011) Global land cover change from 8.000 BP to -50 BP <http://www.anthropocene.info/anthropocene-timeline.php> abgerufen am 09.10.2016

Chen, A. (2014) Rocks made of plastic found on Hawaiian beach. <http://www.science-mag.org/news/2014/06/rocks-made-plastic-found-hawaiian-beach> abgerufen am 09.10.2016

Churkina, G. (2016) Wie verändert die Urbanisierung den globalen Kohlenstoffkreislauf? In: Verband für Geoökologie in Deutschland e. V. (Hrsg.), Schwerpunkt: Leben im Anthropozän – Konzepte für die Stadt der Zukunft. S.13-15, Bayreuth. <https://www.researchgate.net/publication/303285358_Ein_nachhaltiges_Anthropozan_gestalten_lernen> abgerufen am 09.10.2016

Crutzen, P. (2011) Geologie der Menschheit. In: Das Raumschifferde hat keinen Notausgang, S.7-10, Berlin: Suhrkamp Verlag.

Ehlers, E. (2008) Das Anthropozän. Die Erde im Zeitalter des Menschen. Darmstadt: Wissenschaftliche Buchgesellschaft.

Eurostat (2007) Fishery statistics. Data 1990 – 2006. Luxembourg: Office for Official Publications oft the European Communities.

Gebhardt, H. (2016) Das „Anthropozän" – zur Konjunktion eines Begriffs. In: Stabilität im Wandel. S. 28-42, <http://heiup.uni-heidelberg.de/journals/index.php/hdjbo/article/view/23557> abgerufen am 09.10.2016

Gesellschaft Deutscher Chemiker (2015) Der Menschenplanet. Berlin: Tempus Corporate

Global Footprint Network (2016) Der 8. August ist der diesjährige „Earth Overshoot Day" <http://www.overshootday.org/newsroom/press-release-german/> abgerufen am 09.10.2016

Görg, C. (2016) Zwischen Tagesgeschäft und Erdgeschichte. In: GAIA - Ecological Perspectives for Science and Society, Band 24, Heft 2, S. 9-13. Oekom Verlag

Heber, W. et al. (2016) Das Anthropozän im Spannungsfeld zwischen Ökologie und Humanität – Einführung. In: W. Heber, M. Held & M. Vogt (Hrsg.), Die Welt im Anthropozän. S.7-15, München: Oekom Verlag.

Intergovernmental Panel on Climate Change (IPCC) (2014) Klimaänderung 2014. Synthesebericht. Zusammenfassung für politische Entscheidungsträger. Genf: Cambridge University Press.

Jahn, T. et all (2015) Nachhaltige Wissenschaft im Anthropozön. In: GAIA - Ecological Perspectives for Science and Society, Band 24, Heft 2, S. 92-95. Oekom Verlag

ITER Organisation (2016) What is ITER? <https://www.iter.org/proj/inafewlines> abgerufen am 09.10.2016

Knauer, R. (2016) Das Zeitalter der Plastikteilchen. In. Stuttgarter Zeitung (19.02.2016)

<http://www.stuttgarter-zeitung.de/inhalt.umwelt-das-zeitalter-der-plastikteilchen.642b30b9-2156-4f07-9bc8-77bc701c763e.html> abgerufen am 09.10.2016

Lang, G. (1994) Quartäre Vegetationsgeschichte Europas: Methoden und Ergebnisse. Heidelberg: Spektrum Akademischer Verlag

Leggewie, C. (2015) Der Mensch entscheidet im Anthropozän. In: B. Herrmann (Hrsg.), Sind Umweltkrisen Krisen der Natur oder der Kultur? (S. 63-78) Berlin, Heidelberg: Springer-Verlag.

Leinfelder, R. (2016) Anthropozän: Vom Parasitismus zur Symbiose. Zu den Hauptebenen des Anthropozän-Konzeptes <https://www.researchgate.net/publication/301696341_Anthropozan_Vom_Parasitismus_zur_Symbiose_Zu_den_Hauptebenen_des_Anthropozan-Konzeptes> abgerufen am 09.10.2016

Leinfelder, R. (2015) Faktor Mensch – vom Holozän zum Anthropozän <https://www.researchgate.net/publication/285768587_Faktor_Mensch_-_vom_Holozan_zum_Anthropozan> abgerufen am 09.10.2016

Leinfelder, R. (2014) Das Anthropozän beginnt doch erst ab 1950? Der Vorschlag der Anthropocene Working Group. <http://scilogs.spektrum.de/der-anthropozaeniker/anthropozaen-ab-1950/> abgerufen am 09.10.2016

Mastrandrea, M. / Schneider, S. (2011) Vorbereitung für den Klimawandel. In: Das Raumschifferde hat keinen Notausgang, S.7-10, Berlin: Suhrkamp Verlag.

National Oceanic and Atmospheric Administration (NOAA) (2008) Post-glacial cooling 8,200 Years Ago. < http://www.ncdc.noaa.gov/paleo/abrupt/data5.html> abgerufen am 09.10.2016

Niebert, K. (2016) Ein nachhaltiges Anthropozän gestalten lernen. In: Verband für Geoökologie in Deutschland e. V. (Hrsg.), Schwerpunkt: Leben im Anthropozän – Konzepte für die Stadt der Zukunft. S.13-15, Bayreuth. <https://www.researchgate.net/publication/303285358_Ein_nachhaltiges_Anthropozan_gestalten_lernen> abgerufen am 09.10.2016

Redfern, M. (2014) 50 Schlüsselideen Erde. Berlin, Heidelberg: Springer Verlag

Rother, H. (2015) Anthropozän – Das Ende des Eiszeitalters? In: J. Lozan et al. (Hrsg.), Warnsignal Klima: Das Eis der Erde. S. 57-62, Hamburg: Verlag Wissenschaftliche Auswertungen

Schwägerl, C. & Leinfelder, R. (2014) Die menschgemachte Erde.- Zeitschrift für Medien- und Kulturforschung, 5 (2), 233-240, Weimar.

Schwägerl, C. (2010) Menschenzeit. Zerstören oder gestalten? Die entscheidende Epoche unseres Planeten. München: Riemann Verlag

Seppelt, R. / Haerdle B. (2016) Ressource Land unter Druck. In: Verband für Geoökologie in Deutschland e. V. (Hrsg.), Schwerpunkt: Leben im Anthropozän – Konzepte für die Stadt der

Zukunft. S.13-15, Bayreuth. <https://www.researchgate.net/publication/303285358_Ein_nachhaltiges_Anthropozan_gestalten_lernen> abgerufen am 09.10.2016

Smith, B. / Zeder, M. (2013) The onset of the Anthropocene. In: Anthropocene. When Humans Dominated the Earth: Archeological Perspectives on the Anthropocene. S. 8-13, Washington: Smithsonian Institution

Sirocko, F. et al. (2012) Wetter, Klima, Menschheitsentwicklung: Von der Eiszeit bis ins 21. Jahrhundert. Darmstadt: Theiss Verlag

Umweltbundesamt (2016) Ende der kostenlosen Plastiktüten. <https://www.umweltbundesamt.de/themen/ende-der-kostenlosen-plastiktueten-fragen-antworten> abgerufen am 09.10.2016

Welcome to the Anthropocene (2015) Great Acceleration, Sozio-economic Trends and Earth system Trends. < http://www.anthropocene.info/great-acceleration.php> abgerufen am 09.10.2016

Zalasiewicz, J. (2016) Media note: Anthropocene Working Group (AWG). <http://www2.le.ac.uk/offices/press/press-releases/2016/august/media-note-anthropocene-working-group-awg> abgerufen am 09.10.2016